BERICHTE ÜBER DIE VERHANDLUNGEN DER SÄCHSISCHEN AKADEMIE DER WISSENSCHAFTEN ZU LEIPZIG

Mathematisch-naturwissenschaftliche Klasse

Band 97 · Heft 3

H. GERSTNER, H. BAARK, H. GRAUL

DER WECHSELSTROMWIDERSTAND DER FROSCHHAUT

Mit 2 Textabbildungen

Vorgelegt von Herrn Kramer

1950

AKADEMIE-VERLAG · BERLIN

BERICHTE ÜBER DIE VERHANDLUNGEN DER SÄCHSISCHEN AKADEMIE DER WISSENSCHAFTEN ZU LEIPZIG

Mathematisch-naturwissenschaftliche Klasse

Band 97 · Heft 3

H. GERSTNER, H. BAARK, H. GRAUL

DER WECHSELSTROMWIDERSTAND DER FROSCHHAUT

Mit 2 Textabbildungen

Vorgelegt von Herrn Kramer

1950

AKADEMIE-VERLAG · BERLIN

Erschienen im Akademie-Verlag GmbH., Berlin NW 7, Schiffbauerdamm 19

Lizenz-Nr. 156 · 4898/49-6742/49

Satz und Druck der Buchdruckwerkstätte Gutenberg GmbH

Zweigniederlassung Leipzig · M 316 · Auftrags-Nr. 2442

Bestell- und Verlagsnummer: 2027/97/3

Preis: DM 2,75

SITZUNG VOM 13. NOVEMBER 1944

Der Wechselstromwiderstand der Froschhaut

Von

H. GERSTNER, H. BAARK und H. GRAUL

Mit 2 Textabbildungen

Vorgelegt von Herrn KRAMER

Beinahe so alt wie die Kenntnis des elektrischen Stromes selbst ist die Beobachtung, daß das lebende Gewebe, besonders ausgeprägt die Haut, Elektrizität wie ein Kondensator stapeln kann. Diese „Polarisierbarkeit" erwies sich als eng verknüpft mit einer Reihe fundamentaler Lebenseigenschaften, z. B. der Erregbarkeit, der Erregungsleitung und der Narkotisierbarkeit. Diese Eigenschaften der Zelle werden durch Vorgänge an Grenzflächen bedingt, und aus Untersuchungen ihrer Polarisierbarkeit waren wichtige Aufschlüsse über den Bau und das Verhalten dieser Grenzflächen zu erwarten. Da im Nervensystem diese Eigenschaften am höchsten entwickelt sind, spielt hier die Polarisierbarkeit die größte Rolle. Die mit Wechselstrom erhaltenen Meßergebnisse sind aber am Nerven wegen seines Aufbaus aus parallelen Fasern mit bindegewebigen Umhüllungen schwer zu deuten, da dem Strom zuviel Nebenschlüsse zur Verfügung stehen, die das Verhalten der Grenzflächen verschleiern. Die Haut ist dagegen aus mehreren Gründen besonders für Wechselstrommessungen geeignet. Die Epithelzellen liegen so dicht aneinander, daß, wenn überhaupt, nur geringe Nebenschlüsse vorhanden sind. Die flächenhafte Ausdehnung erlaubt sowohl am isolierten Hautpräparat wie am ganzen Organismus ein leichtes Anlegen der Elektroden. Die Haut ist gegen äußere Einflüsse verhältnismäßig unempfindlich. Deshalb wurden die grundlegenden Untersuchungen von GILDEMEISTER[1] und später von LULLIES[2] an der Froschhaut durchgeführt. Die vorliegende Arbeit knüpft an diese Ergebnisse an, und versucht, sie nach verschiedenen Richtungen zu erweitern.

I. Allgemeine Methodik

1. Elektrische Meßanordnung

Die Widerstände wurden nach dem von GILDEMEISTER in die Physiologie eingeführten Brückenverfahren bestimmt. Als Stromquelle diente ein Schwebungssummer, dessen Spannung nach symmetrischer Verstärkung auf 0,05 Volt an der Brücke lag. Sie bestand aus einem festen Widerstandsverhältnis (500 — 500 Ohm); in den beiden anderen Schenkeln lag in einem das Meßobjekt, im zweiten ein veränderlicher Widerstand und Kondensator in Serienschaltung. Wenn die Vergleichsgrößen und das Objekt übereinstimmen, ist der Nullzweig stromlos. Die Nullzweigspannung wurde nach Verstärkung einem Kopfhörer zugeführt. Es wurde mit Frequenzen von 200 bis 3200 per/sec in Oktavsprüngen gemessen. Für jede Frequenz wird so ein bestimmter Widerstands- und Kapazitätswert gefunden. Die Kapazitäten werden in üblicher Weise in Blindwiderstände umgerechnet. Eine ausführliche Beschreibung der Methodik wurde früher gegeben (GERSTNER[3]).

2. Meßverfahren für die isolierte Haut

Die Elektroden waren zwei Plexiglasgefäße von 25 mm Höhe, 20 mm Breite und 10 mm Tiefe. Die eine Innenseite war mit einem platinierten Silberblech ausgekleidet. Diesem wurde der Strom von der Rückseite isoliert zugeleitet. Auf der gegenüberliegenden Seite befand sich je eine runde Öffnung von 5 mm Durchmesser, die sich beim Aufeinanderlegen der Gefäße deckten. Die Haut wurde dann auf diese Seite eines der Gefäße gelegt, und das andere durch

---

[1] GILDEMEISTER, M.: Pflügers Arch. 176, 102 (1919).
[2] LULLIES, H.: Pflügers Arch. 221, 296 (1928).
[3] GERSTNER, H.: Pflügers Arch. 242, 587 (1939).

eine Metallspange dagegengedrückt. Bei dieser Anordnung betrug die gemessene Fläche 0,2 cm^2.

Als Elektrolytflüssigkeit diente für die Innenseite der Bauchhaut Ringerlösung, für die Außenseite Ringerlösung, die mit 4 Teilen Wasser verdünnt wurde. Versuchsobjekte waren Wasserfrösche (R. esculenta), deren Bauchhaut vorsichtig abpräpariert wurde, wobei besonders darauf zu achten war, daß die Innenseite nicht mit der schleimigen Außenseite in Berührung kam und so die Widerstandswerte veränderte.

3. Meßverfahren für den ganzen Frosch

Als indifferente Elektrode wurde ein Zinkblech von etwa 40 cm^2 Fläche auf ein Froschkreuz aufgenagelt. Auf das Blech kamen einige Lagen Zellstoff, die mit Ringerlösung getränkt waren, um einen guten Kontakt herzustellen und eine direkte Berührung der Haut mit dem Metall zu vermeiden. Das Tier wurde mit dem Rücken auf das Froschkreuz gebunden und auf seine Bauchhaut die differente Elektrode gedrückt. Sie war ein Kohlestab von 10 cm Länge, mit einem Durchmesser von 8 mm. Am oberen Ende des Stabes befand sich ein Messingring zur Stromzuführung. Zur Isolation war der Kohlestab mit Zelluloid umkleidet, das einige Millimeter den unteren Rand überragte. In diesen kleinen Hohlzylinder wurde Zellstoff gebracht, der mit verdünnter Ringerlösung durchfeuchtet worden war. Die gemessene Hautfläche betrug in allen Versuchen 0,5 cm^2.

II. Ergebnisse

1. Das zeitliche Verhalten der Wechselstromwiderstände

In den ersten 15 Minuten nach Herstellen des Präparates sinkt der Wirkwiderstand der isolierten Froschhaut rasch ab, der Blindwiderstand wächst. Die Änderungen werden dann kleiner, und nach ein bis zwei Stunden werden Endwerte erreicht, die über viele Stunden konstant bleiben. Das komplexe Widerstandssystem der Haut verschiebt sich also zunächst mehr nach der kapazitiven Richtung. Diese Beobachtung ist wohl so zu deuten, daß die polarisierbaren Grenzflächen anfangs für Ionen verhältnismäßig gut durchgängig sind und erst nach einiger Zeit ihre volle Semipermeabilität gewinnen. Auf diesen „Abdichtungsprozeß“ weist noch folgendes hin: In den ersten 2 Stunden wächst der Gleichstromwiderstand, das Bestandpotential fällt bei niederohmiger Ableitung, die Durchlässigkeit für Kochsalzlösung, Wasser und Farbstoffe sinkt. Über diese Beobachtungen wurde bereits früher berichtet (GERSTNER[1]). Die vorliegenden Untersuchungen zeigten das beschriebene Verhalten der Wechselstromgrößen an allen isolierten Hautpräparaten. An Fröschen mit zerstörtem Zentralnervensystem ergab sich ein ganz ähnlicher Verlauf, der Wirkwiderstand der Bauchhaut änderte sich zwar nicht so gesetzmäßig, es wurde an verschiedenen Tieren sowohl ein geringes Ansteigen wie ein Absinken beobachtet; der Blindwiderstand dagegen vergrößerte sich in allen Fällen stetig innerhalb der ersten 2 Stunden, um dann über längere Zeit

Tabelle 1

Das zeitliche Verhalten der Wechselstrommeßgrößen der Bauchhaut (0,5 cm²) eines Frosches nach Zerstören des Zentralnervensystems. Meßspannung: 0,05 Volt; Meßfrequenz 200 per/sec.

Zeit nach Versuchsbeginn Stunden	Wirkwiderstand Ohm	Kapazität Mikrofarad	Blindwiderstand Ohm	Tangens des Phasenwinkels
0,17	1090	1,330	603	0,55
0,33	1150	1,210	661	0,57
0,50	1140	1,200	670	0,59
1,00	1150	1,100	730	0,63
1,25	1150	1,055	763	0,66
1,50	1150	1,020	788	0,68
2,00	1150	0,879	915	0,80
3,00	1140	0,830	970	0,85
3,50	1170	0,803	1000	0,85
4,00	1120	0,802	1000	0,89
4,50	1180	0,781	1075	0,87
5,50	1174	0,800	1001	0,86
6,50	1170	0,801	1000	0,85

[1] GERSTNER, H.: Pflügers Arch. 242, 113 (1939).

praktisch konstant zu bleiben. Also muß auch am ganzen Frosch ein Abdichtungsprozeß in der Haut ablaufen, der erst einige Zeit nach dem Tode beendet ist. In Tabelle 1 sind die Meßwerte eines Tieres als Beispiel aufgenommen worden, acht weitere zeigten ein ähnliches Verhalten.

Am vollkommen unbeschädigten Frosch ist die Messung schwierig. Nach dem Aufbinden zeigt das Tier so heftige Muskelkontraktionen, daß ein Brückenabgleich unmöglich ist. Nach wenigen Minuten beruhigt es sich, und jetzt werden sehr hohe Werte der Kapazität der Bauchhaut gefunden, die langsam absinken. Nach einiger Zeit erfolgen wieder anfallartig Abwehrreaktionen, das Tier versucht sich zu befreien, und jedesmal zeigen sich nach einem solchen Anfall wesentlich erhöhte Kapazitätswerte, die im Laufe von etwa 10 Minuten wieder zur alten Ruhegröße absinken. Wird der Frosch mit einem Gegenstand berührt, so steigt nach einer Latenzzeit von ungefähr 2 Sekunden die Hautkapazität deutlich an und kehrt langsam wieder zum Ausgangswert zurück. Der Wirkwiderstand beteiligt sich an diesen Vorgängen, wenn überhaupt, nur im geringen Maße. Diese Beobachtungen an der isolierten Haut, am dezerebrierten und am unbeschädigten Tier können in folgender Weise gedeutet werden: An der Froschhaut ist ein Ruhe- und ein Erregungszustand zu unterscheiden. Der zweite ist durch einen niederen Wechselstrom-Blindwiderstand, einen geringen Gleichstromwiderstand und durch eine erhöhte Durchlässigkeit für Wasser und Ionen ausgezeichnet. Der Übergang vom Ruhe- in den Erregungszustand wird wahrscheinlich vom Nervensystem ausgelöst. Das Abpräparieren der isolierten Haut mit der Durchtrennung aller Nerven stellt einen so starken Reiz dar, daß der dadurch bedingte Erregungszustand erst nach 2 Stunden vollkommen abgeklungen ist. Ein ähnlich schwerer Reiz ist das Zerstören des Zentralnervensystems am Ganztier. Dabei werden heftige Impulse nach der Peripherie gesandt, die neben allgemeinen Muskelkontraktionen auch die Haut „erregen“, und erst nach 1 bis 2 Stunden ist die Rückkehr zum Ruhezustand vollendet. Auch die Beobachtungen am unbeschädigten Tier lassen sich nach dieser Auffassung zwanglos deuten. Während der starken Abwehrbewegungen laufen sicher Impulse über das gesamte Nervensystem ab, die u. a. den Erregungszustand der Haut und damit einen Kapazitätsanstieg bedingen. Offenbar genügt bereits das Berühren des Tieres, um reflektorisch die gleiche Zustandsänderung auszulösen. Entsprechend der geringeren Reizstärke klingt der Vorgang rascher ab. Es bestehen wohl enge Beziehungen zur galvanischen Hautreaktion (psychogalvanischer Reflex). Den Einfluß des Nervensystems auf die elektrischen Meßgrößen zeigt folgender Versuch: Es wurde ein isoliertes Rückenhautpräparat hergestellt, die zugehörenden Nerven sorgfältig geschont und auf 2 Drahtelektroden gelegt. Nach einer halben Stunde betrug der Wirkwiderstand eines Quadratzentimeters 298 Ohm, die Kapazität 8,36 μF. Jetzt wurden die Nerven mit Netzwechselstrom gereizt. Nach einer Latenzzeit von 2 Sekunden stieg die Kapazität rasch auf 9,20 μF an und sank innerhalb 10 Minuten nach Unterbrechung des Reizstromes auf 8,10 μF ab. Der Wirkwiderstand blieb völlig konstant. Der gleiche Vorgang wurde mehrfach beobachtet, stets betrug der Zuwachs der Kapazität etwa 10% ihres Ruhewertes.

Für die praktische Messung ergibt sich aus dem beschriebenen Verhalten der Haut die Forderung, daß stets das Abklingen des Erregungszustandes abgewartet werden muß, um vergleichbare Werte zu erhalten. Die vorliegenden Meßergebnisse sind Ruhewerte.

2. Statistische Auswertung der Widerstandsmessungen

a) Isolierte Haut: In der vorn beschriebenen Weise wurden 24 Präparate angefertigt und nach 2 Stunden gemessen. Tabelle 2 enthält die statistische Auswertung der Ergebnisse. Der Wirkwiderstand (der Elektrodenwiderstand wurde abgezogen) fällt, wie es schon GILDEMEISTER[1] beschrieben hat, mit steigender Frequenz. Die Beziehung wird in guter Annäherung durch die gleichseitige Hyperbel

$$R = \frac{k}{f} + W$$ dargestellt.

[1] GILDEMEISTER, M.: Pflügers Arch. 176, 102 (1919).

Tabelle 2

Statistische Auswertung der Meßergebnisse von 24 isolierten Hautpräparaten (R. esculenta). Meßspannung: 0,05 Volt. Alle Werte der Tabelle sind auf 1 cm² Hautfläche umgerechnet worden. M = Mittelwert, s = Streuung, m = mittlerer Fehler des Mittelwertes

Frequenz f per/sec	Wirkwiderstand R Ohm			Blindwiderstand B Ohm		
	M	s	m	M	s	m
100	375	62	13	439	134	27
200	275	34	7	266	63	13
400	223	21	4	146	28	6
800	197	16	3	83	15	3
1600	187	15	3	49	9	2
3200	179	15	3	28	5	1

(R = Wirkwiderstand in Ohm; k = Konstante; f = Frequenz; W = Konstante). Im vorliegenden Falle ist $k = 203 \cdot 10^2$; $W = 173$. Der Wirkwiderstand kann also in zwei Teile zerlegt werden, der eine ist der Meßfrequenz indirekt proportional, der zweite frequenzunabhängig. Der erste Betrag ist der interessante, da er durch die Vorgänge an den polarisierbaren Grenzflächen bedingt wird, der zweite stellt den Widerstand des subepithelialen Gewebes dar. Diese Gesetzmäßigkeit zeigte sich an allen Präparaten. Der Blindwiderstand verläuft nach der Gleichung $B = \frac{k'}{f^a}$; wobei im vorliegenden Falle $k' = 174 \cdot 10^2$; $a = 0{,}8$ ist. Sämtliche Präparate folgten der gleichen Beziehung, dabei waren die individuellen Schwankungen der Konstanten a auffallend klein, die von k' sehr viel größer.

Als Extreme unter den 24 Präparaten wurden für den Wirkwiderstand (100 per/sec) 276 und 510 Ohm/cm², für den Blindwiderstand 210 und 696 Ohm/cm² gefunden. Sie unterscheiden sich also um den Faktor 2 bzw. 3. Die Streuungen (s) liegen beim Wirkwiderstand zwischen rund 20 und 10%, beim Blindwiderstand zwischen rund 20 und 30% des Mittelwertes, ihr Betrag nimmt mit wachsender Frequenz ab.

b) Messungen am Ganztier: 30 Frösche wurden in der vorn beschriebenen Weise aufgebunden und die Elektrode auf die Bauchhaut gedrückt. Die heftigen Abwehrbewegungen ließen bald nach, in Abständen von etwa 10 Minuten erfolgten aber wieder mehrere Perioden von starken Muskelkontraktionen. Nach einer halben Stunde lag dann das Tier auch über längere Zeit so ruhig, daß die Messung ungestört vorgenommen werden konnte. Die statistische Auswertung der Ergebnisse wurde in Tabelle 3 zusammengestellt.

Tabelle 3

Statistische Auswertung der Meßergebnisse von 30 Fröschen (R. esculenta). Bauchhaut. Meßspannung 0,05 Volt. Alle Werte der Tabelle sind auf 1 cm^2 Hautfläche umgerechnet worden

Frequenz f per/sec	Wirkwiderstand R Ohm			Blindwiderstand B Ohm		
	M	s	m	M	s	m
100	841	154	28	681	259	47
200	605	98	17	462	143	26
400	483	69	12	299	68	12
800	389	62	11	199	49	9
1600	353	51	9	148	34	6
3200	312	47	8	112	17	3

Vom Wirkwiderstand wurde wieder der Elektrodenwiderstand abgezogen. Ein Vergleich zwischen Tabelle 2 und 3 zeigt, daß die Widerstandswerte am Ganztier deutlich höher liegen als an der isolierten Haut. Der Wirkwiderstand ist für alle Frequenzen etwa doppelt so hoch, der Unterschied ist bei 100 per/sec etwas größer als bei 3200 per/sec. Die Gesetzmäßigkeit, die für den Wirkwiderstand der isolierten Haut gefunden wurde, wird am Ganztier nicht beobachtet, die Werte fallen im Bereich der hohen Frequenzen stetig weiter ab, ohne einer Grenze zuzustreben. Der Blindwiderstand zeigt am Ganztier mit wachsender Frequenz eine wesentlich geringere Abnahme als an der isolierten Haut, so daß der Unterschied bei 3200 per/sec besonders deutlich hervortritt.

Dieses Verhalten war nicht zu erwarten. In die Meßwerte am Ganztier geht der Widerstand der Rückenhaut ein, was bei einer Kontaktfläche von 10 cm^2 die Werte um 5% gegenüber der isolierten Haut erhöht. Da dieser Betrag zu gering ist, um die Abweichung zu erklären, muß entweder angenommen werden, daß die Haut nach dem Abpräparieren ihre Leitfähigkeit verdoppelt und ihren Frequenzgang ändert, was sehr unwahrscheinlich ist, oder daß das Körperinnengewebe (Muskulatur und Bauchorgane) sich nicht einfach als Elektrolyt mit hoher Leitfähigkeit verhält, sondern selbst noch erheblich polarisierbar ist. Die experimentellen Untersuchungen, die die Ursache des hohen Blindwiderstandes, soweit er nicht durch die Haut bedingt wird, aufklären sollen, sind noch nicht abgeschlossen.

3. Der Einfluß einiger Anionen auf die Leitfähigkeit der isolierten Froschhaut

Da die elektrische Leitfähigkeit des lebenden Gewebes wesentlich durch Grenzflächenvorgänge bedingt wird, ist anzunehmen, daß sie stark vom umgebenden Ionenmilieu abhängt. Sowohl Lipoid- wie Eiweißfilme ändern ihre Eigenschaften mit dem Ladungssinn und der Wertigkeit der Ionen und der Wasserstoffionenkonzentration der angrenzenden Flüssigkeit. Von einer systematischen Untersuchung dieser Verhältnisse an der Froschhaut ist zu erwarten, daß sie dazu beiträgt, die Vorstellungen über die anatomische Lage und den submikroskopischen Aufbau ihrer Grenzflächen zu klären. Im folgenden Abschnitt soll über den ersten Teil der laufenden Untersuchungen, den Einfluß der Anionen, berichtet werden.

Die abpräparierte Froschhaut (R. esculenta) wurde zwischen die vorn beschriebenen Plexiglaselektroden geklemmt. An ihrer Innenseite befand sich Ringerlösung, die Außenseite wurde abwechselnd mit verschiedenen Natriumsalzen ($NaCl$, $NaBr$, $NaCNS$, $NaNO_3$, Na_2SO_4 und $NaOH$) in 1/50 n Lösung bespült. Als Beispiel sei ein Versuch beschrieben: Zunächst wird an die Außenseite der Haut verdünnte Ringerlösung („1/5 Ringer“) gebracht. Nach halbstündigem Warten wird die erste Messung durchgeführt. Sie ergibt die „Ringerwerte“, die zum Ausschalten beschädigter Präparate dienen, erkennbar an ihren auffallend niederen Blindwiderstandswerten. Dann wird die verdünnte Ringerlösung abgesaugt und 1/50 n NaCl-Lösung eingefüllt. Da sich herausstellte, daß bei sofortigem Messen die Widerstandswerte noch sehr wandern, wird das Präparat 20 Minuten stehen gelassen. Nach dieser Zeit haben sich konstante Werte eingestellt, und die zweite Messung wird durchgeführt. Dann wird wieder abpipettiert und jetzt $NaNO_3$ eingefüllt. Nach weiteren 20 Minuten erfolgt die dritte Messung, und anschließend werden in gleicher Weise eine 4. und 5. Widerstandsbestimmung abwechselnd mit NaCl und $NaNO_3$ vorgenommen. So wurden die Meßwerte der Tabelle 4 erhalten. Wegen der besseren Übersicht sind nur die Werte für die Frequenz 200 per/sec angegeben. Die Tabelle zeigt, daß der

Tabelle 4

Wirk- und Blindwiderstand der isolierten Froschhaut für die Frequenz 200 per/sec bei abwechselnder Bespülung der Außenseite mit NaCl und $NaNO_3$
Hautfläche: 0,2 cm²

Außenflüssigkeit	Wirkwiderstand Ohm	Blindwiderstand Ohm
1/5 Ringer	1340	1727
1/50 n NaCl	1360	1780
1/50 n $NaNO_3$	1420	2030
1/50 n NaCl	1400	1830
1/50 n $NaNO_3$	1440	2040

Wirkwiderstand beim Übergang vom Chlorid zum Nitrat etwas ansteigt; da aber bei der angewandten Methode kleine Leitfähigkeitsdifferenzen der Elektrodenflüssigkeiten auftreten können, ist es noch nicht möglich, zu entscheiden, ob die Unterschiede tatsächlich auf Vorgängen in der Haut beruhen. In der vorliegenden Meßreihe wurde vorwiegend das Verhalten des Blindwiderstandes beachtet, der von diesen äußeren Schwankungen unabhängig ist.

Es zeigt sich, daß der Blindwiderstand für das Chlorid etwas höher liegt als für die verdünnte Ringerlösung. Das wurde auch an den meisten anderen Präparaten gesehen, bei einigen liegen die Werte tiefer. Die Unterschiede sind zu gering, um eine sichere Aussage zu machen. Wird die Außenseite mit Nitrat bespült, steigt der Blindwiderstand um rund 200 Ohm an, beim Rückgang zum Chlorid wird der Ausgangswert fast wieder erreicht. Es wurden 4 weitere Präparate in der gleichen Weise behandelt. Übereinstimmend ergab sich: Beim Ersetzen des Natriumchlorid durch das Nitrat steigt der Blindwiderstand im Laufe von etwa 15 Minuten anfangs rasch, dann langsamer um rund 10% an. Der Vorgang ist reversibel und kann beliebig oft wiederholt werden.

Nach diesem Versuchsschema wurden dann die Ionenpaare $Cl'-SO_4''$ und Cl'—CNS' verglichen. Das Sulfat verursachte an allen Präparaten eine Erhöhung des Blindwiderstandes um rund 15 bis 20%, die ebenfalls reversibel war. Das Rhodan führte an 2 der 5 Präparate zu einem geringen Anstieg, an den drei übrigen zu einem deutlichen reversiblen Absinken um 5 bis 10%. Danach wird der Blindwiderstand von den bisher untersuchten Anionen in der Reihenfolge CNS'—Cl'—NO_3'—SO_4'' erhöht. Die Unterschiede innerhalb der Halogene waren nicht so deutlich. Um sie fassen zu können, wurden je 5 Präparate mit den Ionenpaaren Cl'—Br', Cl'—J' und Br'—J' behandelt. Das Ergebnis wurde in Tabelle 5 zusammengestellt, und zwar in folgender Weise:

Tabelle 5

Das Verhalten des Blindwiderstandes bei Bespülen der Froschhaut mit Cl', Br' und J' in 15 Versuchen

Cl'	Br'	J'
0 —	+ —	0 +
— —	+ 0	+ 0
0 0	0 —	0 +
0 —	+ —	0 +
0 0	0 —	0 +

Wird in einem Versuch der Blindwiderstand durch das Natriumbromid gegenüber dem Chlorid erhöht, so steht unter der Cl'-Spalte ein Minuszeichen, unter der Br'-Spalte ein Pluszeichen. Sind die beiden Widerstände praktisch gleich, so steht in beiden Spalten eine Null. Es zeigt sich nun, daß in der Cl'-Spalte kein Pluszeichen gegenüber der Br'-Spalte mit 3 und der J'-Spalte mit 6 Pluszeichen steht. Hieraus kann gefolgert werden, daß der Blindwiderstand unter dem Einfluß der Halogene in der Reihenfolge Cl'—Br'—J' schwach erhöht wird.

Das OH-Ion nimmt, wie die Tabelle 6 zeigt, eine Sonderstellung ein. Der Wirkwiderstand ist nach der Einwirkung der Natronlauge

Tabelle 6

Wirk- und Blindwiderstand der isolierten Froschhaut bei wechselnder Bespülung der Außenseite mit 1/50 n NaCl und 1/50 n NaOH. Hautfläche: 0,2 cm²

Frequenz per/sec	Wirkwiderstand Ohm		Blindwiderstand Ohm	
	1/50 n NaCl	1/50 n NaOH	1/50 n NaCl	1/50 n NaOH
3200	800	854	144	17
1600	840	860	258	16
800	913	865	437	unter 10
400	1050	865	740	unter 10

praktisch konstant und frequenzunabhängig geworden, der Blindwiderstand ist fast völlig verschwunden. Bei den tiefen Frequenzen (100 und 200 per/sec) konnte mit den vorhandenen Kapazitäten überhaupt kein Abgleich mehr erreicht werden. Das OH-Ion hat also in einer Konzentration, in der die anderen Anionen nur geringe Leitfähigkeitsänderungen hervorrufen, die Polarisierbarkeit der Haut vollkommen vernichtet, sie verhält sich jetzt wie ein Ohmscher Widerstand. Diese Wirkung erwies sich als nicht reversibel.

Zusammenfassend ergibt sich, daß die Anionen den Blindwiderstand der isolierten Froschhaut in folgender Reihenfolge erhöhen: OH'—CNS'—Cl'—Br'—J'—NO_3'—SO_4''.

Von den zahlreichen in der Literatur vorliegenden Erfahrungen über die Einwirkung von Anionen auf die verschiedenen kolloidalen, physikochemischen und biologischen Vorgänge seien hier nur einige, die engere Beziehungen zu den vorliegenden Untersuchungen haben, angeführt. An der Beutnerschen Ölkette ergibt sich die Reihenfolge: SO_4''—Cl'—Br'—J'—NO_3'—CNS', wobei jede rechts von Cl' liegende Kombination sich gegen dieses stärker positiv, die links davon gelegene (SO_4'') sich negativ verhält. Beim Verletzungsstrom des Muskels steigt die negativierende Wirkung der Anionen in der Reihenfolge: SO_4''—Cl'—Br'—J'—NO_3'—CNS'. Die gleiche Reihenfolge wurde bei der Ionenadsorption an Blutkohle gefunden. MOTOKAWA[1] untersuchte an der Froschhaut den Ioneneinfluß auf die Differenz zwischen der Stärke des ein- und aussteigenden Stromes. Er nahm Rückenhaut, an der Innenseite mit 25 ccm Ringer bespült, an der Außenseite mit 220 ccm Versuchslösung. Die Stromstärke betrug 0,3 bis 0,46 mA. Er prüfte Natriumsalze in 1/10 bis 1/1000 normal Lösung. Dabei wird die Differenz zwischen aus- und einsteigendem Strom in der Reihenfolge: Cl'—Br'—NO_3'—Acetat'—SO_4''—Zitrat' verkleinert.

Diese kurze Übersicht zeigt, daß die Anionenreihe, die sich aus den vorliegenden Widerstandsmessungen ergibt, mit derjenigen übereinstimmt, die bei verschiedenen elektrophysiologischen Vorgängen gefunden wurden. Bevor Rückschlüsse auf den Bau der polarisierbaren Grenzflächen gezogen werden können, ist es noch erforderlich, entsprechende Untersuchungen mit der Kationenreihe durchzuführen, um die Bedeutung des Ladungssinnes aufzuklären. Weiterhin zeigt die starke Wirksamkeit der Natronlauge, daß die Wasserstoffionenkonzentration offenbar größten Einfluß auf die Leitfähigkeit der Froschhaut besitzt. Die betreffenden Versuche sind noch nicht abgeschlossen.

4. Der Einfluß der Ultraviolettstrahlen auf die Leitfähigkeit der Froschhaut

Die UV-Strahlen werden in den obersten Schichten der Haut absorbiert, ohne diese makroskopisch oder mikroskopisch sichtbar zu verändern. Hohe Intensitäten führen nach einem Intervall von

[1] MOTOKAWA, E.: Jap. J. med. sci. Trans. III Biophysics. 5, 511 (1938).

mehreren Stunden zu einer Entzündung des bestrahlten Gewebes. Über die Vorgänge, die sich zwischen der Bestrahlung und dem Ausbruch der Entzündung im submikroskopischen Gebiet abspielen, ist noch wenig bekannt. In der vorliegenden Versuchsreihe soll untersucht werden, ob sich in dieser Zeit bereits Änderungen der Leitfähigkeit nachweisen lassen, die Rückschlüsse auf den Angriffspunkt und die Wirkungsweise der UV-Strahlen erlauben würden.

Methodik: Während der Bestrahlungsversuche mußten die Tiere über mehrere Stunden aufgebunden werden. An normalen Fröschen ließ sich das nicht durchführen, da sie durch heftige Bewegungen die Elektrode verschoben. Um eine Narkose zu vermeiden, deren Einfluß auf den Hautwiderstand des Ganztieres noch unbekannt ist, wurde Hirn und Rückenmark zerstört, wobei auf möglichst geringen Blutverlust geachtet wurde. Danach wurde das Tier in durchfeuchteten Zellstoff gewickelt und 2 bis 3 Stunden liegengelassen. Diese Zeit war nötig, um den Abdichtungsprozeß in der Froschhaut ablaufen zu lassen. Dann wurde das Tier 10 Minuten lang bei einem Brennerabstand von 30 cm mit einer Quarzlampe (220 Volt, 3,7 A, Quarzlampengesellschaft Hanau) bestrahlt. Beim Menschen verursachte diese Dosis nach etwa 8 Stunden eine Hautrötung. Nach der Bestrahlung wurde das Tier sofort mit dem Rücken auf die indifferente Elektrode des Froschkreuzes gelegt, die differente Elektrode auf die Bauchhaut aufgesetzt, beide Elektroden an die Meßbrücke angeschlossen und die Widerstände bestimmt.

Ergebnis: Als Beispiel sind in Tabelle 7 die Meßwerte eines solchen Versuchstieres aufgeführt worden. Die Werte lassen deutlich 3 Phasen erkennen. Die erste erstreckt sich bis 2 Stunden nach der Bestrahlung. In ihr steigt der Wirkwiderstand langsam um etwa 10% an, der Blindwiderstand verdoppelt sich, der Phasenwinkel wächst. Der Tangens des Phasenwinkels wurde als Quotient aus Blindwiderstand und Wirkwiderstand berechnet. Da dieser Verlauf ganz dem vorn beschriebenen Abdichtungsprozeß entspricht, kann er nicht mit Sicherheit als Bestrahlungsfolge aufgefaßt werden. In der zweiten Phase, die von 2 bis 6 Stunden nach der Bestrahlung reicht, bleibt der Wirkwiderstand praktisch konstant, der Blind-

Tabelle 7

Das zeitliche Verhalten der Wechselstrommeßgrößen am bestrahlten Frosch. 200 per/sec; 0,5 cm² Bauchhaut; Bestrahlungszeit 10 Minuten; Brennerabstand 30 cm

Zeit nach der Bestrahlung Stunden	Wirkwiderstand Ohm	Blindwiderstand Ohm	Tangens des Phasenwinkels
0,3	1030	420	0,41
0,5	1100	520	0,47
0,8	1140	610	0,61
1,5	1200	950	0,79
2,0	1200	1010	0,84
2,5	1230	950	0,77
3,0	1260	920	0,73
3,5	1230	910	0,71
4,0	1240	820	0,66
4,5	1270	820	0,65
5,0	1260	770	0,61
5,5	1250	720	0,58
6,0	1210	620	0,51
6,5	1120	520	0,46
7,0	1120	490	0,44
7,5	1010	350	0,35
11,0	930	220	0,24
12,0	920	210	0,23
13,0	890	190	0,21
14,0	850	180	0,21
15,0	890	170	0,19
23,0	900	120	0,13

widerstand fällt langsam ab, der Phasenwinkel wird kleiner. Da ein solches Verhalten bei den Kontrolltieren nie gesehen wurde, deren Blindwiderstände über viele Stunden praktisch konstant blieben oder manchmal weiterhin sehr langsam anstiegen, muß die zweite Phase als sichere Folge der Bestrahlung angesehen werden. Die dritte schließlich, die 6 Stunden nach der Bestrahlung beginnt, ist durch ein deutliches Absinken des Wirk- und Blindwiderstandes gekennzeichnet; da der letztere verhältnismäßig stärker abnimmt, verkleinert sich auch der Phasenwinkel. Während die Meßwerte der zweiten Phase eine Größe haben, die unter besonderen Bedingungen auch am Normaltier beobachtet wurden (z. B. kurz nach Aufsetzen der Elektrode oder nach Abwehrbewegungen eines Tieres), fallen die der dritten weit aus diesem Rahmen. Wird noch berücksichtigt, daß die in der ersten Phase gemessenen Widerstände zum Teil auf das unter der Haut liegende Gewebe entfallen und daß sich die Bestrahlungsfolgen wahrscheinlich nur an der Haut abspielen, so müssen die Änderungen noch stärker sein als es die Tabelle zeigt. Die Haut verhält sich praktisch wie ein Ohmscher Widerstand, ihre polarisierbaren Grenzflächen sind völlig zusammengebrochen. Selbst in der dritten Phase waren makroskopisch keine Veränderungen sichtbar, es wurde nie eine sichere Rötung gesehen.

Da drei weitere Tiere das gleiche Verhalten zeigten, läßt sich das Ergebnis folgendermaßen zusammenfassen: Nach einer UV-Bestrahlung ziemlich hoher Intensität vergeht ein Intervall von etwa 2 Stunden, in dem noch keine sicheren Änderungen der Leitfähigkeit der Froschhaut nachweisbar sind. In den folgenden 4 Stunden nimmt der Blindwiderstand langsam fortschreitend ab, und von etwa der 6. Stunde nach der Bestrahlung an verläuft dieser Prozeß so rasch, daß er bald zum völligen elektrischen Zusammenbruch der Haut führt, die sich jetzt wie ein frequenzunabhängiger Ohmscher Widerstand verhält. Da an den Tieren selbst in diesem Stadium keine deutliche Hyperämie beobachtet wurde, ist es sehr wahrscheinlich, daß die Leitfähigkeitsänderung früher als die makroskopisch sichtbaren Vorgänge auftritt. Diese Frage erfordert aber zur sicheren Beantwortung noch eine Prüfung am unversehrten Tier.

An 2 Tieren zeigte sich ein etwas anderes Verhalten. Die Meßwerte des einen sind in Tabelle 8 zusammengestellt worden. Hier wirkt sich die Bestrahlung besonders auf den Wirkwiderstand aus, der stetig über 23 Stunden fast linear ansteigt. Dieser Vorgang wird bereits 1,5 Stunden nach der Lichteinwirkung sicher faßbar (2. Phase). Der Blindwiderstand beginnt erst von der 6. Stunde an abzunehmen. Die Verkleinerung des Phasenwinkels zeigt an, daß die Haut praktisch zu einem Ohmschen Widerstand wird (3. Phase). Es ist noch völlig

Tabelle 8

Das zeitliche Verhalten der Wechselstrommeßgrößen am bestrahlten Frosch. 200 per/sec; 0,5 cm^2 Bauchhaut; Bestrahlungszeit 10 Minuten; Brennerabstand 30 cm

Zeit nach der Bestrahlung Stunden	Wirkwiderstand Ohm	Blindwiderstand Ohm	Tangens des Phasenwinkels
0,5	840	1060	1,26
1,0	890	1100	1,24
1,5	1000	1100	1,10
2,0	1080	1150	1,06
2,5	1220	1180	0,97
3,0	1240	1200	0,97
3,5	1310	1230	0,94
4,0	1380	1260	0,91
4,5	1450	1260	0,87
5,0	1500	1260	0,84
5,5	1580	1210	0,77
6,0	1660	1160	0,70
6,5	1700	1100	0,65
7,0	1770	962	0,54
7,5	1940	804	0,41
10,0	2440	553	0,23
11,0	2840	527	0,19
12,0	3080	515	0,17
13,0	3520	485	0,14
14,0	3840	460	0,12
15,0	4150	433	0,10
23,0	7520	433	0,06

unklar, wodurch dieses unterschiedliche Verhalten bedingt wird und wie es zu deuten ist.

In einer weiteren Versuchsreihe sollte geprüft werden, ob sich die Leitfähigkeitsänderungen auf das von den Strahlen getroffene Hautgebiet beschränken, oder ob sie auch auf das unbestrahlte übergreifen. Dazu wurde das Gehirn und das Rückenmark des Frosches ausgebohrt, das Tier in feuchten Zellstoff gewickelt und 2 Stunden liegen gelassen. Nach dieser Zeit wurde das Tier 10 Minuten in einem

Abstand von 30 cm unter die Höhensonne gelegt. Die untere Hälfte der Bauchhaut wurde während dieser Zeit mit einer Blechscheibe abgedeckt und so nicht von der UV-Strahlung betroffen. Im Anschluß an die Bestrahlung wurde das Tier mit dem Rücken auf die indifferente Elektrode des Froschkreuzes gelegt und sowohl auf den unbestrahlten Teil der Bauchhaut als auf den bestrahlten je eine differente Elektrode aufgesetzt. Die Elektroden waren die gleichen wie in den vorigen Versuchen. Der Abstand der Mittelpunkte beider differenter Elektroden betrug ungefähr 20 mm. Die gesamte Versuchsanordnung

Tabelle 9

Das zeitliche Verhalten der Wechselstrommeßgrößen an der bestrahlten und unbestrahlten Bauchhaut des gleichen Tieres. Bestrahlungsdauer 10 Minuten; Brennerabstand 30 cm; 200 per/sec; 0,5 cm² Bauchhaut

Zeit nach der Bestrahlung Stunden	Abgedeckt			Bestrahlt		
	Wirkwiderstand Ohm	Blindwiderstand Ohm	Tangens d. Phasenwinkels	Wirkwiderstand Ohm	Blindwiderstand Ohm	Tangens d. Phasenwinkels
0,0	880	339	0,39	825	445	0,54
0,5	890	363	0,41	890	520	0,58
1,3	830	435	0,52	1270	550	0,43
1,5	870	503	0,58	1320	629	0,48
1,7	870	569	0,65	1400	670	0,48
2,0	870	614	0,71	1460	691	0,47
2,5	890	641	0,72	1580	696	0,44
3,0	920	670	0,73	1620	675	0,42
4,0	930	690	0,74	1670	684	0,41
4,5	950	725	0,76	1700	680	0,40
5,0	990	765	0,77	1740	632	0,36
5,5	1030	750	0,73	1750	579	0,33
6,0	1050	750	0,71	1750	504	0,29
9,5	990	895	0,91	1410	200	0,14
10,0	990	890	0,90	1370	200	0,15
12,0	980	890	0,91	1120	134	0,12
20,0	950	873	0,92	920	97	0,11
23,0	990	844	0,85	800	89	0,11

wurde schließlich in eine feuchte Kammer gebracht und nach Anschluß der Elektroden an die Meßbrücke die Wechselstrommeßgrößen der bestrahlten und der unbestrahlten Haut abwechselnd bestimmt.

Tabelle 9 enthält die Meßwerte eines solchen Versuches. Während der Bestrahlung wurde die untere Hälfte der Bauchhaut mit einem Aluminiumblech abgedeckt. Ihr Wirkwiderstand steigt in den ersten 6 Stunden geringfügig an, um dann wieder etwas abzufallen; der Blindwiderstand verdoppelt sich in den ersten 2 Stunden und nimmt dann nur noch langsam weiter zu. Die Meßwerte entsprechen also denen eines normalen Tieres (vgl. Tabelle 1). Ganz anders verhält sich die bestrahlte obere Hälfte. Hier steigt der Wirkwiderstand innerhalb der ersten 6 Stunden erheblich an; ein Vergleich mit der unbestrahlten Haut zeigt, daß dieser Vorgang bereits nach einer Stunde deutlich faßbar wird. In der 3. Phase sinkt der Wirkwiderstand dann ab. Der Blindwiderstand verläuft vollkommen wie in der vorigen Versuchsreihe, er läßt deutlich die drei vorn beschriebenen Phasen erkennen.

In Abb. 1 wurden die Meßwerte der Tabelle 9 graphisch dargestellt.

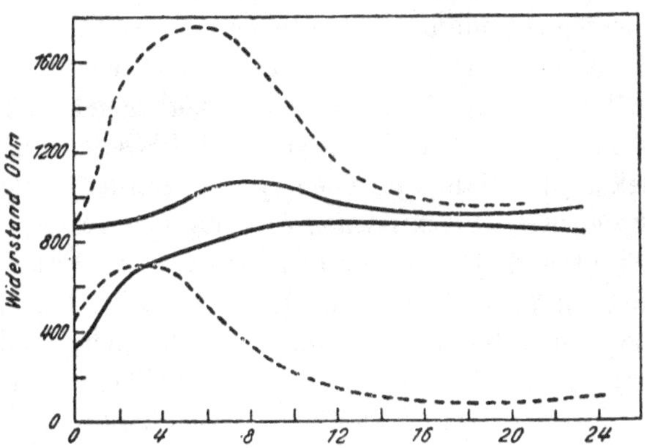

Abbildung 1. Das zeitliche Verhalten der Wechselstrommeßgrößen (vgl. Tabelle 9) an der bestrahlten und unbestrahlten Bauchhaut des gleichen Tieres. Ausgezogen: Unbestrahlter Teil; gestrichelt: Bestrahlter Teil. Die obere Kurve ist an jedem Teil der Wirk-, die untere der Blindwiderstand

Während die Widerstandslinien des unbestrahlten Hautteiles nach einem anfänglichen Anstieg praktisch einen parallelen Verlauf zur Zeitachse nehmen, tritt an dem bestrahlten Teil die außerordentliche Steigerung des Wirkwiderstandes in der 2. Phase und sein Absinken in der dritten mit dem fast parallelen Absturz des Blindwiderstandes eindrucksvoll hervor.

Fünf weitere Versuche zeigten ein grundsätzlich gleiches Verhalten. In zwei von ihnen griffen allerdings die Leitfähigkeitsänderungen nach der 6. Stunde langsam auch etwas auf den unbestrahlten Hautteil über. Im allgemeinen beschränken sich also die elektrischen Erscheinungen nach UV-Bestrahlung auf das vom Licht getroffene Hautgebiet.

Zusammengefaßt haben die Leitfähigkeitsmessungen nach UV-Bestrahlung folgendes ergeben: Nach Einwirken einer hohen Intensität lassen sich zeitlich 3 Phasen unterscheiden. In der ersten (1 bis 2 Stunden nach der Bestrahlung) sind keine sicheren Änderungen nachweisbar. In der zweiten, die bis zur 6. Stunde reicht, verschiebt sich langsam fortschreitend das komplexe Widerstandssystem der Froschhaut nach der Ohmschen Seite, erkennbar am Absinken des Phasenwinkels. In etwa zwei Drittel der Versuche wird dieser Vorgang vorwiegend durch eine Verkleinerung des Blindwiderstandes verursacht, in einem Drittel steht ein Anwachsen des Wirkwiderstandes im Vordergrund. Nach den bisher vorliegenden Erfahrungen bedeuten diese elektrischen Vorgänge der 2. Phase eine zunehmende Durchlässigkeit der Haut für Ionen. In der zeitlich anschließenden 3. Phase setzen sich die elektrischen Veränderungen noch rascher fort und überschreiten die physiologischen Grenzen. Der Blindwiderstand verschwindet praktisch, die Haut wird ein unpolarisierbarer, frequenzunabhängiger Ohmscher Widerstand. Wahrscheinlich handelt es sich um eine schwere Schädigung, bei der die Grenzflächen der Haut ihre Semipermeabilität für Ionen vollkommen verlieren.

5. Der Einfluß der Ultraviolettstrahlen auf die Durchlässigkeit der Haut für Rhodanionen

Die Widerstandsbestimmungen nach UV-Bestrahlung hatten zeitlich drei Phasen erkennen lassen. Wird aus den elektrischen Messungen auf die Permeabilität der Haut für Ionen geschlossen, so muß angenommen werden, daß in der ersten Phase die Durchlässigkeit unverändert ist, in der zweiten eine stetig fortschreitende Permeabilitätssteigerung einsetzt, und in der dritten die Haut der Diffusion kaum noch einen Widerstand entgegensetzt, da sie ihre Semipermeabilität vollkommen verloren hat. Es muß hier also eine maximale Durchlässigkeit erreicht werden. Um diese Schlüsse experimentell auf ihre Zulässigkeit zu prüfen, wurde die Rhodanmethode (GERSTNER)[1] angewandt. Die abpräparierte Bauchhaut wurde straff auf ein Röhrchen mit einem inneren Durchmesser von 8 mm aufgebunden, so daß die innere Hautschicht dem Lumen zu lag. Dann wurde das Röhrchen mit 2 ccm Froschringer gefüllt und in ein kleines Becherglas getaucht, das mit 50 ccm $^1/_{25}$-normal-Kaliumrhodanidlösung gefüllt war. Diese verhältnismäßig große Menge wurde gewählt, um über die gesamte Versuchsdauer ein konstantes osmotisches Gefälle zu haben.

Nach 5 Stunden wurde die Menge der durchgetretenen Rhodan-Ionen colorimetrisch bestimmt. Dazu wurde der Innenlösung 2 Tropfen einer mit Eisessig versetzten Eisentrichloridlösung zugegeben. Das genügte, um die übergetretenen Rhodan-Ionen quantitativ zu erfassen.

Das Ergebnis wurde in Tabelle 10 zusammengefaßt. Die erste Querzeile enthält den Mittelwert von 64 Kontrolltieren. Es zeigt sich, daß Bestrahlungszeiten unter 0,25 Minuten die Durchlässigkeit nicht ändern. Das Streuen der Mittelwerte kann durch die große individuelle Schwankung erklärt werden. Für höhere Bestrahlungszeiten ergibt sich aber ein systematischer Gang, indem die Menge der übergetretenen Rhodan-Ionen mit der Zeit wächst. Besonders deutlich zeigt das die graphische Darstellung der Meßwerte in Abb. 2. Damit konnte also direkt nachgewiesen werden, daß die UV-Strahlen in höheren Intensitäten die Durchlässigkeit der Froschhaut für Ionen steigern. Die Schlüsse aus den Leitfähigkeitsänderungen der vorigen Versuchsreihe auf das Verhalten der Permeabilität wurden dadurch voll bestätigt.

---

[1] GERSTNER, H.: Pflügers Arch. 242, 113 (1939).

Tabelle 10

Die aus je 10 bestrahlten Versuchstieren gebildeten Mittelwerte der in 5 Stunden durch 0,5 cm² Froschhaut getretenen Rhodan-Ionen in Abhängigkeit von der Bestrahlungszeit. Brennerabstand 30 cm

Bestrahlungszeit Minuten	Übergetretene Rhodan-Ionen Milligramm CNS′
0,00	0,08
0,02	0,07
0,04	0,09
0,07	0,10
0,13	0,08
0,25	0,08
0,50	0,08
1,00	0,12
2,00	0,13
4,00	0,12
8,00	0,17
16,00	0,17
32,00	0,17

6. Zusammenfassung

Es werden Wirk- und Blindwiderstand im Tonfrequenzgebiet an der isolierten Froschhaut und am Ganztier bestimmt. Die unter normalen Verhältnissen vorgenommenen Messungen werden statistisch ausgewertet. Als Salze des Natriums erhöhen die Anionen den Blindwiderstand der isolierten Haut in folgender Reihenfolge: OH′—CNS′—Cl′—Br′—J′—NO_3′—SO_4″. Nach einer UV-Bestrahlung größerer Intensität werden zeitlich drei Phasen beobachtet. Die erste, in der keine sicheren Veränderungen gefunden werden, erstreckt sich 1 bis 2 Stunden nach der Bestrahlung. In der anschließenden zweiten sinkt der Phasenwinkel langsam; das wird in den meisten Fällen durch eine Verkleinerung des Blindwiderstandes bedingt, in einigen durch eine Erhöhung des Wirkwiderstandes. Oft laufen beide Vorgänge gemeinsam ab. In der 3. Phase, die 6 Stunden nach der Bestrahlung erreicht wird, überschreiten die Veränderungen am Wirk- und Blindwiderstand die physiologischen Grenzen, die Grenzflächen der Haut verlieren ihre Polarisierbarkeit. Die Haut verhält sich wie ein Ohmscher Widerstand. Es werden die in 5 Stunden durch die Haut tretenden Rhodan-Ionen colorimetrisch bestimmt.

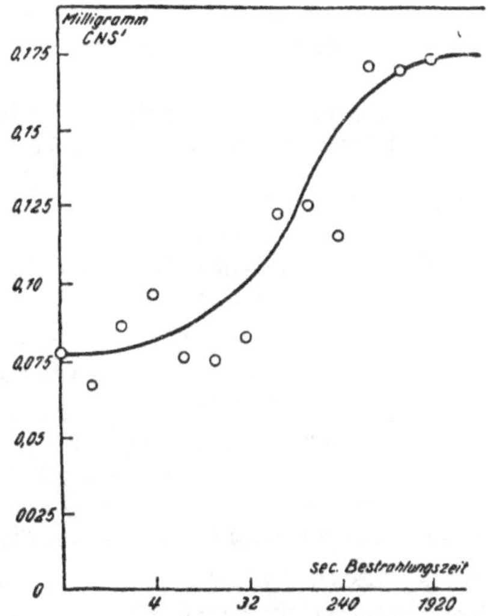

Abbildung 2. Die aus je 10 bestrahlten Versuchstieren gebildeten Mittelwerte der in 5 Stunden durch 0,5 cm² Froschhaut getretenen Rhodan-Ionen in Abhängigkeit von der Bestrahlungszeit

Mit zunehmender Bestrahlungsdauer steigt die Permeabilität der Haut für diese Ionen. Damit konnten die aus den elektrischen Messungen gezogenen Schlüsse voll bestätigt werden.

FSC
www.fsc.org
MIX
Papier | Fördert
gute Waldnutzung
FSC® C083411

Zeitfracht Medien GmbH
Ferdinand-Jühlke-Straße 7
99095 Erfurt, Deutschland
produktsicherheit@kolibri360.de